国家出版基金项目
NATIONAL PUBLICATION FOUNDATION

中国中药资源大典
——中药材系列

中药材生产加工适宜技术丛书
中药材产业扶贫计划

# 王不留行生产加工适宜技术

总 主 编　黄璐琦

主　　编　杨太新

副 主 编　谢晓亮　葛淑俊

中国健康传媒集团
中国医药科技出版社

## 内 容 提 要

《中药材生产加工适宜技术丛书》以全国第四次中药资源普查工作为抓手，系统整理我国中药材栽培加工的传统及特色技术，旨在科学指导、普及中药材种植及产地加工，规范中药材种植产业。本书为王不留行生产加工适宜技术，包括：概述、王不留行药用资源、王不留行栽培技术、王不留行药材质量评价、王不留行现代研究与应用等内容。本书适合中药种植户及中药材生产加工企业参考使用。

**图书在版编目（CIP）数据**

王不留行生产加工适宜技术 / 杨太新主编 . — 北京：中国医药科技出版社，2018.10

（中国中药资源大典 . 中药材系列 . 中药材生产加工适宜技术丛书）

ISBN 978-7-5214-0471-5

Ⅰ . ①王… Ⅱ . ①杨… Ⅲ . ①王不留行—栽培技术 ②王不留行—中草药加工 Ⅳ . ① S567.23

中国版本图书馆 CIP 数据核字（2018）第 221590 号

**美术编辑** 陈君杞
**版式设计** 锋尚设计

出版 **中国健康传媒集团** | 中国医药科技出版社
地址 北京市海淀区文慧园北路甲 22 号
邮编 100082
电话 发行：010-62227427 邮购：010-62236938
网址 www.cmstp.com
规格 710×1000mm ¹/₁₆
印张 4 ³/₄
字数 41 千字
版次 2018 年 10 月第 1 版
印次 2018 年 10 月第 1 次印刷
印刷 北京盛通印刷股份有限公司
经销 全国各地新华书店
书号 ISBN 978-7-5214-0471-5
定价 28.00 元

# 中药材生产加工适宜技术丛书

## —— 编委会 ——

## —— 本书编委会 ——

主　　编　杨太新

副 主 编　谢晓亮　葛淑俊

编写人员　（按姓氏笔画排序）

马春英（河北农业大学）

刘灵娣（河北省农林科学院）

刘晓清（河北农业大学）

杜艳华（河北农业大学）

李　宁（河北农业大学）

孟义江（河北农业大学）

高　钦（河北农业大学）

温春秀（河北省农林科学院）

# 序

我国是最早开始药用植物人工栽培的国家，中药材使用栽培历史悠久。目前，中药材生产技术较为成熟的品种有200余种。我国劳动人民在长期实践中积累了丰富的中药种植管理经验，形成了一系列实用、有特色的栽培加工方法。这些源于民间、简单实用的中药材生产加工适宜技术，被药农广泛接受。这些技术多为实践中的有效经验，经过长期实践，兼具经济性和可操作性，也带有鲜明的地方特色，是中药资源发展的宝贵财富和有力支撑。

基层中药材生产加工适宜技术也存在技术水平、操作规范、生产效果参差不齐问题，研究基础也较薄弱；受限于信息渠道相对闭塞，技术交流和推广不广泛，效率和效益也不很高。这些问题导致许多中药材生产加工技术只在较小范围内使用，不利于价值发挥，也不利于技术提升。因此，中药材生产加工适宜技术的收集、汇总工作显得更加重要，并且需要搭建沟通、传播平台，引入科研力量，结合现代科学技术手段，开展适宜技术研究论证与开发升级，在此基础上进行推广，使其优势技术得到充分的发挥与应用。

《中药材生产加工适宜技术》系列丛书正是在这样的背景下组织编撰的。该书以我院中药资源中心专家为主体，他们以中药资源动态监测信息和技术服

务体系的工作为基础，编写整理了百余种常用大宗中药材的生产加工适宜技术。全书从中药材的种植、采收、加工等方面进行介绍，指导中药材生产，旨在促进中药资源的可持续发展，提高中药资源利用效率，保护生物多样性和生态环境，推进生态文明建设。

丛书的出版有利于促进中药种植技术的提升，对改善中药材的生产方式，促进中药资源产业发展，促进中药材规范化种植，提升中药材质量具有指导意义。本书适合中药栽培专业学生及基层药农阅读，也希望编写组广泛听取吸纳药农宝贵经验，不断丰富技术内容。

书将付梓，先睹为悦，谨以上言，以斯充序。

中国中医科学院 院长

中 国 工 程 院 院士 张伯礼

丁酉秋于东直门

# 总 前 言

中药材是中医药事业传承和发展的物质基础，是关系国计民生的战略性资源。中药材保护和发展得到了党中央、国务院的高度重视，一系列促进中药材发展的法律规划的颁布，如《中华人民共和国中医药法》的颁布，为野生资源保护和中药材规范化种植养殖提供了法律依据；《中医药发展战略规划纲要（2016—2030年）》提出推进"中药材规范化种植养殖"战略布局；《中药材保护和发展规划（2015—2020年）》对我国中药材资源保护和中药材产业发展进行了全面部署。

中药材生产和加工是中药产业发展的"第一关"，对保证中药供给和质量安全起着最为关键的作用。影响中药材质量的问题也最为复杂，存在种源、环境因子、种植技术、加工工艺等多个环节影响，是我国中医药管理的重点和难点。多数中药材规模化种植历史不超过30年，所积累的生产经验和研究资料严重不足。中药材科学种植还需要大量的研究和长期的实践。

中药材质量上存在特殊性，不能单纯考虑产量问题，不能简单复制农业经验。中药材生产必须强调道地药材，需要优良的品种遗传，特定的生态环境条件和适宜的栽培加工技术。为了推动中药材生产现代化，我与我的团队承担了农业部现代农业产业技术体系"中药材产业技术体系"建设任务。结合国家中医药管理局建立的全国中药资源动态监测体系，致力于收集、整理中药材生产加工适宜技术。这些适宜技术限于信息沟通渠道闭塞，并未能得到很好的推广和应用。

本丛书在第四次全国中药资源普查试点工作的基础下，历时三年，从药用资源分布、栽培技术、特色适宜技术、药材质量、现代应用与研究五个方面系统收集、整理了近百个品种全国范围内二十年来的生产加工适宜技术。这些适宜技术多源于基层，简单实用、被老百姓广泛接受，且经过长期实践、能够充分利用土地或其他资源。一些适宜技术尤其适用于经济欠发达的偏远地区和生态脆弱区的中药材栽培，这些地方农民收入来源较少，适宜技术推广有助于该地区实现精准扶贫。一些适宜技术提供了中药材生产的机械化解决方案，或者解决珍稀濒危资源繁育问题，为中药资源绿色可持续发展提供技术支持。

本套丛书以品种分册，参与编写的作者均为第四次全国中药资源普查中各省中药原料质量监测和技术服务中心的主任或一线专家、具有丰富种植经验的中药农业专家。在编写过程中，专家们查阅大量文献资料结合普查及自身经验，几经会议讨论，数易其稿。书稿完成后，我们又组织药用植物专家、农学家对书中所涉及植物分类检索表、农业病虫害及用药等内容进行审核确定，最终形成《中药材生产加工适宜技术》系列丛书。

在此，感谢各承担单位和审稿专家严谨、认真的工作，使得本套丛书最终付梓。希望本套丛书的出版，能对正在进行中药农业生产的地区及从业人员，有一些切实的参考价值；对规范和建立统一的中药材种植、采收、加工及检验的质量标准有一点实际的推动。

2017年11月24日

# 前　言

王不留行为石竹科植物麦蓝菜的干燥成熟种子，始载于《神农本草经》，药用历史悠久，具有活血通经、下乳消肿、利尿通淋之功效。本书主要介绍王不留行的生产加工适宜技术，在分析目前栽培加工存在问题基础上，结合最新研究成果和栽培加工传统经验，系统阐述王不留行的药用资源、栽培技术、药材质量及现代研究与应用等内容，突出生产加工技术的同时兼顾知识的系统性。第1章概述简要介绍了王不留行的成分功效、资源分布及研究发展方向；第2章王不留行的药用资源，概述了王不留行的形态特征、生物学特性、地理分布及种植区域等；第3章王不留行特色栽培技术，包括种子质量与选种、栽培技术、采收与产地加工等内容，详细介绍了河北内丘、甘肃民乐、四川乐至等不同区域的王不留行特色栽培和生产技术；第4章王不留行药材质量，概述了王不留行的本草考证和道地沿革、药材质量及药典标准；第5章王不留行现代研究与应用，包括王不留行现代化学成分、药理作用、医药应用研究及资源综合利用与保护等。在编写过程中本着基本理论与生产实践相结合，最新研究成果和传统生产经验相结合的原则，力求科学性，先进性和实用性。

本书对王不留行的生产加工适宜技术、药材质量及现代研究与应用等进行

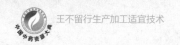

了系统总结和阐述，为王不留行的规范化种植和产地加工等提供指导，对王不

留行的药材质量、资源开发利用及保护和王不留行深入研究具有参考价值，可

作为从事王不留行生产、技术及研究人员的职业技术培训、科学研究的工具书

或参考书。本书编写过程中参考了大量文献，感谢原作者的辛苦工作。编者水

平所限，书中疏漏及错误在所难免，恳请读者不吝赐教，以便进一步修正。

编者

2018年6月

# 目　录

第·1章　概述 ............................................................................................................. 1

第2章　王不留行药用资源 ....................................................................................... 3
　　一、形态特征及分类检索 ................................................................................... 4
　　二、生物学特性 ................................................................................................... 6
　　三、地理分布 ..................................................................................................... 12
　　四、生态分布区域与种植区域 ......................................................................... 13

第3章　王不留行栽培技术 ..................................................................................... 17
　　一、种子质量和选种 ......................................................................................... 18
　　二、特色适宜技术 ............................................................................................. 21
　　三、采收与产地加工技术 ................................................................................. 30

第4章　王不留行药材质量评价 ............................................................................. 31
　　一、本草考证与道地沿革 ................................................................................. 32
　　二、药典标准 ..................................................................................................... 37
　　三、质量评价 ..................................................................................................... 39

第5章　王不留行现代研究与应用 ......................................................................... 41
　　一、化学成分 ..................................................................................................... 42
　　二、药理作用 ..................................................................................................... 46
　　三、医药应用 ..................................................................................................... 53
　　四、资源综合利用与保护 ................................................................................. 54

参考文献 ................................................................................................................... 57

# 第1章

## 概　述

　　王不留行为常用中药材，药用历史悠久，始载于《神农本草经》，列为上品。《中华人民共和国药典》收载的王不留行为石竹科植物麦蓝菜*Vaccaria segetalis*（Neck.）Garcke 的干燥成熟种子，夏季果实成熟、果皮尚未开裂时采收，除去杂质，晒干。王不留行气微，味微涩、苦，归肝、胃经；具有活血通经、下乳消肿、利尿通淋之功效；主治经闭、痛经、乳汁不下、乳痈肿痛、淋证涩痛。现代研究证明，王不留行主要含有三萜皂苷，为王不留行皂苷A、B、C、D，又含王不留行黄酮苷、异肥皂草苷、磷脂、豆甾醇、氢化阿魏酸、尿核苷、王不留行环肽类，类脂、脂肪酸、单糖等成分，预试有生物碱和香豆精类的反应。

　　王不留行的基原植物为麦蓝菜，其适应性强，自然分布范围广，多野生于山坡、路旁，本草记载多杂生于麦田中，我国分布于除华南外的各省区。近年来，王不留行自然资源减少，原料药材主要来源于人工栽培品，并形成河北、河南、甘肃等王不留行药材主产区。遵循道地药材基本理论，开展王不留行种质资源和品种选育，药材产量和质量形成及其与环境因子的相关关系研究，集成王不留行生产加工适宜技术和特色栽培技术规范，进一步加强王不留行资源开发利用研究，促进王不留行规范化、规模化种植和产业化发展。

# 第2章

## 王不留行药用资源

世界上石竹科麦蓝菜属植物约4种，产欧洲和亚洲西部、北部。我国麦蓝菜属仅麦蓝菜1种，其干燥成熟种子作为王不留行药材入药，除华南外全国各省区均有分布，自然生长于草坡、撂荒地或麦田中。本章主要介绍其形态特征、生物学特性、地理分布、生态分布区域和种植区域等。

## 一、形态特征及分类检索

### （一）形态特征

王不留行的基原植物麦蓝菜，为一年或二年生草本，高30～70cm，全株光滑无毛，表面稍被白粉，呈灰绿色。根为主根系。茎单生，直立，上部呈二叉状分枝，近基部节间粗壮而较短，节略膨大，表面乳白色。单叶对生，无柄；叶片卵状披针形或卵状椭圆形，长1.5～7.5cm，宽0.5～4.0cm，先端渐尖，基部圆形或近心形，稍联合抱茎，全缘，两面均呈粉绿，主脉在背部隆起，侧脉不甚明显。疏生聚伞花絮着生于枝顶，花梗细长1～4cm，下有鳞片状小苞片2枚；花萼圆筒状，花后增大呈5棱状球形，顶端5齿裂；花瓣5，粉红色，倒卵形，先端有不整齐小齿；雄蕊10，不等长，花药卵形，"丁"字形着生；雌蕊1，子房上位，1室，花柱2，细长。蒴果卵形，成熟后先端4齿状开裂，包于宿存萼内。种子多数，红褐色至黑色，近圆球形，直径约2mm，有明显疣状突起。2n=30。花期4～6月，果期5～7月。

## （二）分类检索

### 按照被子植物分科检索表检索石竹科

1  子叶2个，极稀可为1个或较多；茎具中央髓部；在多年生的木本植物且有年轮；叶片常具网状脉；花常为五出或四出数。··· **双子叶植物纲Monocotyledoneae 2′**

2  花具花萼也具花冠，或有两层以上的花被片，有时花冠可为蜜腺叶所代替。160′

160  花冠常为离生的花瓣所组成。161′

161  成熟雄蕊10个或较少，如多于10个时，其数并不超过花瓣的2倍。238′

238  成熟雄蕊和花瓣不同数，如同数时则雄蕊和它互生。258′

258  花两性或单性，纵为雌雄异株时，其雄花中也无上述情形的雄蕊。259′

259  花萼和子房相分离。281′

281  叶片中无透明微点。283′

283  雌蕊1个，或至少其子房为1个。300′

300  雌蕊或子房并非单纯者，有1个以上的子房室或花柱、柱头、胎座等部分。306′

306  子房1室或因有1假隔膜的发育而成2室，有时下部2～5室，上部1室。307′

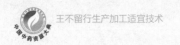
307　花周位或下位，花瓣3~5片，稀可2片或更多。312′

312　每子房室内有胚珠2个至多数。317′

317　草本或亚灌木。328′

328　胎座位于子房室的中央或基底。329′

329　花瓣着生于花托上。330′

330　萼片5或4片；叶对生 ……… **石竹科Caryophyllaceae**

## 按照石竹科分属检索表检索麦蓝菜属

1　无托叶。2′

2　萼片合生；花瓣通常具爪。9′

9　花柱2；萼脉不明显成肋棱状（仅麦蓝菜属显具5棱）。12′

12　萼筒脉间不呈膜质。14′

14　一年生草本，萼外具5棱；蒴果不完全4室 … **15.麦蓝菜属 Vaccaria Medic.**

## 二、生物学特性

麦蓝菜的适应性强，自然分布范围广，多野生于山坡、路旁，尤以麦田中生长最多，在海拔较高地区也能生长。较耐旱，但过于干旱植株生长矮小，产量低。喜温暖、湿润气候，忌水浸，低洼积水地或土壤湿度过大根部易腐烂，地上枝叶枯黄直至死亡。王不留行生长对土壤要求不严，土层较浅、地力较低

的山地、丘陵也能种植，但产量较低，适宜种植于疏松肥沃、排水良好的砂壤

土或壤土（图2-1）。

图2-1　播种

高钦等在河北安国试验基地观察了王不留行的生长发育、产量和质量形成

及其动态变化，主要研究结果如下。

（一）生育期和生育时期

王不留行从播种到成熟全生育期为229～231天，划分为7个生育时期，分

别为出苗期（图2-2）、越冬期（图2-3）、返青期（图2-4）、分枝期（图2-5）、

现蕾期（图2-6）、开花期（图2-7）、成熟期（图2-8），各生育时期起始时间和

划分标准见表2-1。

图2-2　出苗期

图2-3　越冬期

图2-4　返青期

图2-5　分枝期

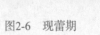

图2-6　现蕾期

图2-7　开花期

图2-8　成熟期

表2-1　王不留行生育时期划分及标准

| 生育时期 | 起始时间 | 划分标准 |
|---|---|---|
| 出苗期 | 10月16日 | 幼苗出土,两片子叶伸出地表并平展为出苗,田间50%达到此标准 |
| 越冬期 | 12月5日 | 冬前气温降低至0℃以下,幼苗基本停止生长 |
| 返青期 | 3月10日 | 春季叶片开始生长,春生1叶长出1cm。田间50%达到此标准 |
| 分枝期 | 4月8日 | 主茎上出现分枝,第一分枝长度达2cm,田间50%达到此标准 |
| 现蕾期 | 4月20日 | 花蕾长出,花梗长度达2cm,田间50%达到此标准 |
| 开花期 | 4月30日 | 单株第一朵花开放,田间50%达到此标准 |
| 成熟期 | 5月26日 | 植株枯黄,种子坚实变硬,呈黑色,田间50%达到此标准 |

## （二）株高和分枝变化

王不留行株高呈慢–快–慢的变化规律。秋播出苗后,幼苗冬前生长缓慢,至越冬期平均株高约4cm。第二年春季返青后,幼苗缓慢生长;4月上旬进入分枝期后,株高迅速增加,至5月上旬平均株高约60cm,日均增高1.78cm,植株增高44.4cm,占全生育期株高的67.2%;5月上旬后,株高变化显著减缓,至成熟时株高平均为66cm。

王不留行分枝期出现后,一周内分枝数量迅速增加,单株一级分枝数量平均达9.3个,此后一级分枝数增长缓慢,至5月中旬单株一级分枝数平均为11个,此后不再长出新的一级分枝。4月中旬至5月中旬,单株一级分枝总长度快速增长,日均增长11.5cm,此后增长缓慢,至成熟时一级侧枝平均长度达34.6cm。

## （三）干物质积累和分配

王不留行全生育期单株干物质积累量呈"S"型曲线变化。4月10日前植株干物质积累量较小，单株干重仅0.98g；之后干物质量缓慢增加，至4月27日单株干重为6.29g；4月30日开花后进入干物质量快速积累期，表现为植株茎、叶、果实等部位的干物质积累量迅速增加；5月18日后干物质积累趋于平稳，果实中的干物质量增加，而茎、叶中的干物质向果实中转移，干物质量呈现下降趋势；至成熟时，平均单株干物质积累达44.36g。

王不留行各器官干物质分配比例随植株生长发育而变化，4月份以茎叶生长为主，其所占比例之和达全株干重的80.29%～91.63%，此阶段由于快速分枝，茎干物质比例从18.18%迅速增加到37.64%，叶干物质比例从65.57%降至42.65%。5月份开花后果实逐渐形成，其干物质快速积累，所占比例快速增长至40.97%，而茎、叶中的干物质所占比例均呈逐渐下降趋势。全生育期根中干物质所占比例较小，4月10日最高为16.25%，5月11日次之，为11.48%。

## （四）产量构成和质量变化

王不留行具多级结果枝，各级果枝上的种子粒数和粒重是构成产量的基础。试验结果表明：各级果枝的单果重及其种子粒重随生育进程不断增大。果实形成后Ⅰ级、Ⅱ级、Ⅲ级、Ⅳ级果枝上平均种子粒数分别为：17.27、20.43、19.57、17.29粒。5月11日至5月25日，各级果枝上的单果重均差异显著，5月11

日，Ⅰ、Ⅱ级的单果重显著大于Ⅲ、Ⅳ级；5月18日，各级果枝上的单果重表现为Ⅰ级＞Ⅱ级＞Ⅲ级＞Ⅳ级；5月25日，Ⅱ级单果重最大，达96.36mg，其次为Ⅰ级、Ⅲ级，Ⅳ级单果重最小为68.58mg。各级果枝上种子平均千粒重表现为Ⅰ级＞Ⅱ级＞Ⅲ级＞Ⅳ级，5月25日Ⅰ级果枝上种子千粒重最大为4.091g，显著大于其他果枝，Ⅳ级果枝上种子千粒重最小，仅为2.837g。可见，Ⅱ级果枝的单果种子粒数和单果重最高，Ⅰ级果枝的种子粒大，粒重最高。

王不留行不同时期各器官的王不留行黄酮苷含量差异显著（表2-2）。4月27日前，茎、叶中均含有王不留行黄酮苷，且茎中的含量显著大于叶中的；5月4日以后，种子中的黄酮苷逐渐增加，且显著大于茎、叶中的黄酮苷含量，而茎、叶中的黄酮苷含量呈逐渐降低的趋势。5月25日种子中的黄酮苷含量达最大值，为0.410%，其次为叶中的含量0.038%，茎中含量最低，仅为0.011%；单株种子的黄酮苷积累量为50.68mg，占全株黄酮苷总积累量的91.2%。可见，王不留行黄酮苷主要集中于种子内，叶和茎中含量较少，也具有一定的开发利用价值。

表2-2　单株各器官的王不留行黄酮苷含量及积累量

| 器官 | 测定项目 | 4/10 | 4/16 | 4/27 | 5/4 | 5/11 | 5/18 | 5/25 |
|---|---|---|---|---|---|---|---|---|
| 茎 | 含量/% | 0.137a | 0.151a | 0.163a | 0.080a | 0.070b | 0.025c | 0.011c |
| | 积累量/mg | 0.25 | 1.33 | 3.86 | 5.22 | 6.95 | 4.22 | 1.76 |

续表

| 器官 | 测定项目 | 4/10 | 4/16 | 4/27 | 5/4 | 5/11 | 5/18 | 5/25 |
|---|---|---|---|---|---|---|---|---|
| 叶 | 含量/% | 0.110b | 0.100b | 0.091b | 0.069b | 0.052c | 0.040b | 0.038b |
| | 积累量/mg | 0.71 | 2.11 | 2.44 | 3.11 | 2.94 | 3.59 | 3.12 |
| 种子 | 含量/% | — | — | — | 0.083a | 0.095a | 0.165a | 0.410a |
| | 积累量/mg | — | — | — | 1.25 | 4.44 | 17.62 | 50.68 |
| 单株 | 积累量/mg | 0.96 | 3.44 | 6.30 | 9.57 | 14.33 | 25.43 | 55.55 |

## 三、地理分布

　　根据历代本草和史料记载，王不留行多生"山谷、田野或麦地中"；《名医别录》《新修本草》《本草图经》等明确指出："生泰山山谷"（表2-3）。现代文献对王不留行的地理分布和主产地进行了详细记述，《常用中药材品种整理和质量研究》记载："长江以北均产，主产于河北邢台、保定，河南安阳，山东，江苏镇江、响水，黑龙江，辽宁，陕西，湖南，湖北等地，以河北产量较大。野生和栽培均有。"《中药大辞典》记述"王不留行主产于黑龙江、辽宁、河北、山东，以河北产量最大"。《中华道地药材》记载："分布于我国除华南外的大部分地区，河北武安、涉县、内丘、临城以及黑龙江，辽宁，山东，山西，湖北等地均适宜其生产，尤以河北武安最为适宜。"《全国中草药汇编》记述："生于山坡、路旁，尤以麦田中生长最多，除华南外，全国各地区都有分布"（表2-3）。可见，王不留行自然分布和人工栽培地域较广。

表2-3  本草有关王不留行产地的记述

| 典籍 | 产地描述 |
|---|---|
| 神农本草经（汉） | 生山谷 |
| 名医别录（汉） | 生泰山山谷 |
| 新修本草（唐） | 生泰山山谷，今处处有 |
| 本草图经（宋） | 生泰山山谷，今江浙及并河近处皆有之 |
| 救荒本草（明） | 生田野中 |
| 本草纲目（明） | 多生麦地中 |
| 常用中药材品种整理和质量研究（2001） | 长江以北均产，主产于河北邢台、保定，河南安阳，山东，江苏镇江、响水，黑龙江、辽宁，陕西，湖南，湖北等地，以河北产量较大。野生和栽培都有 |
| 中药大辞典（2006） | 主产于黑龙江、辽宁、河北、山东。以河北产量最大 |
| 现代中药鉴定手册（2006） | 分布于辽宁、吉林、黑龙江、河北、山西、陕西、甘肃、青海、宁夏、新疆、河南、湖北、湖南、江苏、浙江、安徽、福建、江西、山东、云南、贵州、四川等省区 |
| 中华道地药材（2011） | 分布于我国除华南外的大部分地区，河北武安、涉县、永年、魏县、大名、内丘、临城以及黑龙江，辽宁，山东，山西，湖北等地均适宜其生产，尤以河北武安最为适宜 |
| 全国中草药汇编（2014） | 生于山坡、路旁、尤以麦田中生长最多，除华南外，全国各地区都有分布 |

## 四、生态分布区域与种植区域

王不留行适应性强，自然分布范围广，我国除了华南地区以外，王不留行

在全国各地区均有分布。本草记载王不留行多生山谷、田野或杂生于麦田中。1987年开始人工种植王不留行,现原料药材已全部为家种。药材主要产于河北、河南、甘肃、山东、辽宁、黑龙江。此外,山西、湖北、湖南、安徽、陕西、江苏、浙江、江西、吉林、新疆等地亦产。以河北产量最大。

王不留行是常用中药材,但用量不大,加上中药厂与兽药厂投料,2002年全国用量仅为1200吨。近10年奶牛养殖业发展较快,王不留行具有极强的催乳作用,因而成为奶牛养殖业不可缺少的饲料添加剂,并以每年20%的速度递增,目前全国年用量为3000吨左右,并形成全国三大主产地,即河北内丘、河南洛宁和甘肃河西,其中河北省内丘县王不留行种植面积和产量最大。据河北省农业厅统计数据,2012年河北省王不留行产新面积达5万余亩,产量5000吨以上,集中分布于河北省内丘县及周边地区。

关于王不留行产区的土壤、气候等环境因素对道地药材形成及质量的影响还未见报道,但王不留行产区形成与其土壤、气候等环境因素存在着密切关系。如河北省内丘县王不留行多种植于西部太行山山前岗坡、丘陵地,土壤为棕壤或褐土,地力较低,年平均气温10~13℃,无霜期169~219天,年降水500~600mm,年均日照2391小时。该地区地下水资源匮乏,灌溉用水成本高,王不留行因耐旱和耐瘠薄,种植和收获便于机械化,管理简单和投入少,经济效益较高而发展迅速。

　　王不留行生长周期短，种植管理简单，投入少易扩种，受市场价格调节，面积和产量极易出现大上大下的情况。如2010年王不留行价格上涨，产地成交价最高时每千克11元，且高价一直维持到2011年春、夏，当年甘肃河西种植面积猛增，产量达2400～2500吨。虽然2011年秋季市场已开始疲软，价格下滑，但农民信息滞后，再之秋季河南、河北王不留行种植时节，产地价格仍维持在9～10元，价高刺激农民再次大量扩种，2011年秋季河北内丘及沧州周边地区的种植面积猛增，2012年河北省王不留行种植面积达5万余亩，产量5000吨以上。河南洛宁及周边地区也比常年扩种了1倍，2012年产新约900～1000吨，全国产新总量约8000吨。供过于求的状况造成王不留行价格迅速下滑，降至每千克5元左右。可见，受市场价格调节，王不留行的区域种植面积变化较大。

# 第3章

## 王不留行栽培技术

随着王不留行野生资源减少和药材需求量的增加，人工栽培品成为王不留行原料药材的主要来源，但由于栽培时间较短，药材价格偏低，对于其栽培技术研究报道较少。张众报道了内蒙古呼和浩特市试验站的不同种植密度对王不留行单株及群体产量的影响，认为单株生长和结实性能以行株距50cm×30cm最佳，种子产量达33.8g，亩产量以50cm×10cm的最高，达368.2kg。刘晓清等报道了河北省安国试验的种植密度及施肥对王不留行生长指标及干物质积累的影响，认为适宜行株距为35cm×20cm，施用有机肥的单株籽粒干重和亩产量最大。王英杰等分别总结报道了本地王不留行的种植技术，杨太新等制定了河北省地方标准《中药材种子质量标准 王不留行》，温春秀等制定了河北省地方标准《无公害王不留行田间生产技术规程》。本章将重点介绍王不留行的种子质量和选种、特色栽培技术、采收与产地加工技术等内容。

## 一、种子质量和选种

### （一）种子质量

王不留行人工栽培中，主要靠种子繁殖，种子既是药材，也是繁殖材料。目前，关于王不留行良种繁育技术的研究未见报道，规范化、规模化的良种繁育基地建设亟待加强，王不留行产区的生产用种基本处于自繁、自留、自用状态，种子质量参差不齐。纯正优质的种子是保证药材质量的先决条件，杨太新等广泛收集河北、山东、河南等6省区不同生态条件下34批次王不留行种子，通过室内

图3-1　王不留行种子

测定分析建立了种子质量检验方法和分级指标，制定了河北省地方标准《中药材种子质量标准 王不留行》并颁布实施，为河北省王不留行种子生产和使用中的种子质量评价提供了技术支撑，其他地区王不留行种子生产和使用中可参考借鉴。

　　王不留行种子质量检验方法为：按照农作物种子检验规程 GB/T3543.2扦样，送验样品的最小重量为500g；真实性和品种纯度鉴定采用形态鉴定和种植鉴定法；净度分析试样最小重量为50g，按GB/T3543.3执行；发芽试验采用纸间（BP）20℃恒温培养，初次计数时间为4天，末次计数时间为10天；水分测定采用低恒温（105±2）℃烘干8小时；生活力测定采用0.5%TTC溶液染色3小时；重量测定用千粒法。王不留行种子质量指标为：纯度≥95%，净度≥96%，发芽率≥70%，水分≤11%；若其中一项达不到指标要求的即为不合格种子。

## （二）品种选择

优良种质是优质道地药材生产的物质基础，目前王不留行没有人工选育品种，各地生产中多选用来源于野生的地方农家种，其生态适应性强，产量和质量存在差异性。因此，各地应加强王不留行新品种选育，开展品种生态适应性及其产量、质量的比较分析，因地制宜选择生产用种。

高钦等在河北省安国试验比较分析了5省区7种王不留行种质材料的产量和质量，结果表明：在种植密度、施肥灌水等管理一致的情况下，不同种质王不留行的产量差异显著（表3-1）。AH-cz的单株籽粒干重、亩产量最大，分别为14.77g和140.73kg，与SD-ly的差异不显著，但两者均显著高于其他种质，产量差异可能与种子内在遗传特性和适应性有关，从高产角度考虑，生产中应优先选择AH-cz、SD-ly种质。不同种质王不留行的质量分析表明（表3-2），其浸出物、总灰分、王不留行黄酮苷等指标均差异显著，浸出物和总灰分含量均达到《中国药典》指标要求；除HB-zjk种质外，其他种质的王不留行黄酮苷含量均达到《中国药典》指标要求，以AH-cz最高，为0.457%，HN-ay次之0.450%，其他依次为HB-cd、SD-ly、HB-hd、GS-zy、HB-zjk。可见，AH-cz、HN-ay种质适宜优质栽培。

表3-1　不同种质王不留行的产量比较

| 种质编号 | 单株籽粒干重/g | 亩株数/株 | 亩产量/kg |
| --- | --- | --- | --- |
| HB-zjk | 7.93c | 9528 | 75.56c |
| HB-cd | 9.59bc | 9528 | 91.37bc |
| HB-hd | 11.71b | 9528 | 111.57b |
| HN-ay | 11.08b | 9528 | 105.57b |
| SD-ly | 14.05a | 9528 | 133.86a |
| AH-cz | 14.77a | 9528 | 140.73a |
| GS-zy | 9.71bc | 9528 | 92.52bc |

表3-2　不同种质王不留行质量比较

| 种质编号 | 浸出物/% | 总灰分/% | 王不留行黄酮苷/% |
| --- | --- | --- | --- |
| HB-zjk | 8.54bc | 3.42cd | 0.394e |
| HB-cd | 9.45ab | 3.67a | 0.440bc |
| HB-hd | 8.28cd | 3.36d | 0.423cd |
| HN-ay | 10.50a | 3.50bc | 0.450ab |
| SD-ly | 9.85a | 3.59ab | 0.434bc |
| AH-cz | 9.45ab | 3.49c | 0.457a |
| GS-zy | 7.33e | 3.08e | 0.410de |

## 二、特色适宜技术

王不留行人工栽培技术的研究报道较少，各地在多年王不留行的生产过

程，积累和总结了宝贵的生产经验，形成了适宜本地区的特色栽培技术，选择

介绍河北省内丘王不留行特色栽培技术规范、甘肃省民乐县板蓝根套种王不留

行高效栽培技术、四川省乐至县王不留行栽培技术。

## （一）内丘王不留行特色栽培技术规范

本规范适用于河北省内丘县及周边地区的王不留行特色栽培过程。

### 1. 产地环境

（1）生态环境  适宜海拔在20～500m。无霜期178天以上。年日照时数在1998～2956小时，日照百分率在49%。适宜年平均降雨量500～800mm，环境相对湿度35%～55%。土壤质地以结构疏松的壤土为佳，土壤pH值6.5～7.5为宜。以坡度小于15°的坡地或平地，田间通风和排水条件良好，有浇灌条件。

（2）产地环境质量  选择不受污染源影响或污染物含量限制在允许范围之内，生态环境良好的农业生产区域。空气质量应符合空气质量GB3095二级标准。土壤质量应符合土壤质量GB15618二级标准。灌溉水质量应符合农田灌溉水质量GB5084标准。

### 2. 生产管理

（1）选地、整地  选土壤疏松、肥沃，排水良好的沙壤土或壤土。结合整地每亩施入腐熟厩肥或堆肥2500kg，整细耙平。

（2）选种  选择《中国药典》规定的石竹科植物麦蓝菜 *Vaccaria segetalis*（Neck.）Garcke 的干燥成熟种子，发芽率在80%以上。

（3）播种  于9月下旬至10月上旬，按行距25～35cm开浅沟，沟深3cm左右。然后，将种子均匀地撒入沟内或机播，播后覆土1.5～2cm，每亩用种量1.5～2.0kg。

（4）田间管理

①中耕除草　苗高7～10cm时，进行第1次中耕除草，浅松土。结合中耕除草，进行间苗和补苗，条播的，按株距15～20cm间苗定苗。如有缺株，将间苗下来的壮苗进行补苗。第2次中耕除草于第2年春季3～4月进行，以后看杂草滋生情况中耕除草，保持土壤疏松和田间无杂草。

②灌水　初冬和早春返青期间干旱，适当灌水。

③追肥　一般进行2～3次，第1次在苗高7～10cm时，中耕除草后每亩施入稀薄人畜粪水1500kg或尿素5kg。第2年春季进行中耕除草后，每亩施入较浓的人畜粪水2000kg、过磷酸钙20kg，或用0.2%磷酸二氢钾根外追肥1次。

## 3. 病虫害防治

（1）基本原则　贯彻"预防为主，综合防治"的植保方针，通过选用抗性品种，培育壮苗，加强栽培管理，科学施肥等栽培措施，综合采用农业防治，物理防治、生物防治，配合科学合理地使用化学防治，将有害生物危害控制在允许范围以内。农药安全使用间隔期遵守GB/T 8321.1～7，没有标明的农药品种，收获前30天停止使用，农药的混剂执行其中残留性最大的有效成分的安全间隔期。

（2）黑斑病

①农业防治　清除病枝落叶；及时排出积水；增施有机肥料，增强植株自身抗病能力。

②化学防治　播种前用70%甲基硫菌灵按种子量0.2%拌种，或用25%多菌灵按种子量0.3%拌种。发病初期用70%甲基硫菌灵1000倍液或50%多菌灵600倍液，或50%抗枯灵（络氨铜·锌）1000倍液，或58%甲霜灵锰锌500倍液，或50%扑海因（异菌脲）1000倍液，或75%代森锰锌络合物800倍液，或30%醚菌酯1500倍液等喷雾防治，一般10天左右1次，连续2~3次。喷药时避开中午高温。

（3）蚜虫

①物理防治　于有翅蚜发生初期，田间及时悬挂5cm宽的银灰塑料膜条进行趋避；有翅蚜发生时，及时于田间运用黄板诱杀，可用市场上出售的商品黄板，或用60cm×40cm长方形纸板或木板等，涂上黄色油漆，再涂一层机油，挂在行间株间，每亩挂30~40块。当黄板沾满蚜虫时，再涂一层机油。黄板放置高度距离作物顶端30cm左右。

②生物防治　前期蚜虫少时保护利用瓢虫等天敌，进行自然控制。无翅蚜发生初期，用0.3%苦参碱乳剂800~1000倍，或天然除虫菊素2000倍液，或1%蛇床子素500倍液，或50%辟蚜雾可湿性粉剂2000~3000倍液，或10%烟碱乳油

杀虫剂500～1000倍液等植物源药剂进行喷雾防治。

③化学防治　在蚜虫发生初期，用10%吡虫啉可湿性粉剂1000倍液，或3%啶虫脒乳油1500倍液，或2.5%联苯菊酯乳油3000倍液，或4.5%高效氯氰菊酯乳油1500倍液，或50%辟蚜雾2000～3000倍液，或50%吡蚜酮2000倍液，或25%噻虫嗪5000倍液，或50%烯啶虫胺4000倍液，或其他有效药剂，交替喷雾防治。

（4）棉小造桥虫

①物理防治　成虫发生期，在田间用黑光灯、佳多杀虫灯、太阳能杀虫灯等诱杀。

②生物防治　卵孵化盛期，用100亿活芽孢/克苏云金杆菌可湿性粉剂600倍液，或用氟啶脲（5%抑太保）或25%灭幼脲悬浮剂2500倍液，或25%除虫脲悬浮剂3000倍液，或氟虫脲（5%卡死克）乳油2500～3000倍液，或在低龄幼虫期用0.36%苦参碱水剂800倍液，或天然除虫菊（5%除虫菊素乳油）1000～1500倍液，或用烟碱（1.1%绿浪）1000倍液，或用多杀霉素（2.5%菜喜悬浮剂）3000倍液，或虫酰肼（24%米满）1000～1500倍液喷雾防治。7天喷1次，防治2～3次。

③化学防治　在幼虫孵化盛末期到3龄以前，用1.8%阿维菌素乳油3000倍液，或1%甲胺基阿维菌素苯甲酸盐乳油3000倍液，或4.5%高效氯氰菊酯1000

倍液，或联苯菊酯（10%天王星乳油）1000倍液，或20%氯虫苯甲酰胺4000

倍液，或50%辛硫磷乳油1000倍液喷雾防治。7天喷1次，一般连续防治2～4

次。交替使用。

### 4. 采收

第二年5月底至6月初，待萼筒变黄、种子变黑时采收。

## （二）民乐县板蓝根套种王不留行高效栽培技术

甘肃省民乐县种植板蓝根主要作一年生收获根部和大青叶，为了减少板蓝

根开花结实，需晚播种、晚收获（一般5月上旬播种10月中下旬收获），而王不

留行在当地4月中旬播种7月中下旬收获。这两种药材套种栽培，比单纯垄作覆

膜种植板蓝根提高了土地利用率，节约了管理成本，提高了种植效益。其高效

栽培技术如下：

### 1. 种植模式

板蓝根起垄覆膜种植，垄高20cm，垄面宽80cm，垄上覆盖黑色地膜（黑

色地膜有利于防除杂草）。垄上用穴播机播种4行板蓝根；沟宽50cm，在沟内播

种3行王不留行。

### 2. 整地施肥

种植前每亩施圈肥3000～4000kg，过磷酸钙50～60kg、磷酸二铵20kg、生

物钾肥4kg作底肥，将肥料均匀地撒于地表，深翻30cm以上。4月中旬王不留行

播种前进行起垄，垄高20cm、垄面宽80cm，垄上覆盖黑色地膜，膜上覆土厚3cm，沟宽50cm。

### 3. 种植管理

（1）选种播种　选择色泽深黑、饱满的王不留行种子。为防治黑斑病，播前用70%甲基硫菌灵可湿性粉剂500倍液浸种2小时，之后将种子捞出晾干后播种。播种时按行距20cm、株距15cm进行穴播，穴深3～5cm，覆土厚1cm，稍加镇压。一般采用手推式穴播机进行播种，每亩用种量0.5kg。一般15天左右即可出苗。

（2）中耕除草　苗高10cm左右时进行第1次中耕除草，现蕾前浇水后进行第2次中耕除草。除草应在晴天进行，浅松土，杂草用手拔除以免伤根。现蕾开花后不再进行除草，以免损伤花蕾造成减产。

（3）叶面追肥　王不留行对水肥要求不严格，施足底肥后一般不需要追肥。若在开花后营养生长旺盛，则可叶面喷施0.3%磷酸二氢钾溶液2～3次，以促进果实成熟饱满。

（4）病害防治　王不留行主要病害是黑斑病。该病6月发病，主要为害叶片，发病叶片产生灰褐色病斑，湿度大时病斑产生黑色霉状物。发病初期可用70%甲基硫菌灵可湿性粉剂1000倍液或50%多菌灵可湿性粉剂800倍液喷施防治，每7～10天一次，连续2次。

（5）适时采收　至7月中下旬，当田间王不留行植株变枯黄、种子多数黄褐色、少数变为黑色时即进行收割。若收割过迟种子易脱落造成减产损失。该套种模式下一般可亩产王不留行120kg左右。

### （三）乐至县王不留行栽培技术

将四川省乐至县种植王不留行的技术经验进行了整理总结，主要技术内容如下：

**1. 选地整地**

选土壤疏松、肥沃，排水良好的夹砂土种植。结合整地每亩施入腐熟厩肥或堆肥2500kg作基肥，然后充分整细整平，开宽1.3m的高畦，四周开好排水沟待播。

**2. 选种播种**

选择籽粒饱满、黑色、有光泽、成熟的种子作种。播种时间一般在9月中下旬至10月上旬，也可春种夏收。王不留行可点播或条播。

点播：在整好的畦面上，按行株距25cm×20cm，深3～5cm挖穴，然后按亩用种量1kg，将种子与草木灰、人畜粪水混

图3-2　王不留行种子

合拌匀，制成种子灰，每穴均匀地撒入一小撮，播后覆盖厚1～2cm的细肥土。

条播：每亩用种子1～2kg。按行距20～25cm开浅沟，沟深3cm左右，将种子灰均匀地撒入沟内，覆细土1.5～2cm厚（图3-2）。

### 3. 中耕除草

苗高7～10cm时，进行第1次中耕除草和间补苗。每穴留壮苗4～5株；条播的按株距15cm间苗。第2次中耕除草于翌年2～3月进行，同时定苗。条播的按株距25cm定苗。以后视杂草滋生情况中耕除草1次，保持土壤疏松和田间无杂草。

### 4. 追肥

一般进行2～3次。第1次中耕除草后，每亩施稀薄人畜粪水1500kg或尿素5kg。第2年中耕除草后，每亩施较浓的人畜粪水2000kg加过磷酸钙20kg。以后用0.2%磷酸二氢钾根外追肥1～2次，有利增产。

### 5. 病虫防治

叶斑病：危害叶片，病叶上形成枯死斑点，发病后期在潮湿的条件下长出灰色霉状物。防治方法：增施磷钾肥，或在叶面喷施0.2%磷酸二氢钾，增强植株抗病力；发病初期，喷65%代森锌500～600倍液，或50% 多菌灵800～1000倍液或1∶1∶100波尔多液，每7～10天1次，连喷2～3次。

食心虫：以幼虫危害果实。用90%敌百虫1000倍液喷杀。

### 6. 采收

秋播的第2年4~5月采收。当王不留行种子多数变黄褐色、少数已变黑色时将地上部分齐地面割下脱粒。

## 三、采收与产地加工技术

唐《本草图经》载"三月收苗，五月收子"。宋《本草图经》："五月内采苗茎，晒干用。"清《本经疏证》进一步描述了从麦粒中收集王不留行的方法："王不留行多生麦地，且成熟适与麦熟同时，故每杂于麦中，凡麦中有此则面不能纯白，故须捡之，捡之之法，垫漆几令欹侧，倾麦其上，以手抚之，则纷纷自下，以其浑圆也。"由以上可以看出，王不留行的传统采收期为"五月"，采后晒干。

秋播王不留行于第二年5月下旬至6月上旬，春播王不留行于当年夏季采收。当王不留行种子多数变黄褐色，少数已变黑时，于早晨露水未干时，将地上部分齐地面割下，扎把，置通风干燥处后熟干燥5~7天，待种子全部变黑时，脱粒，除去杂质，再晒至种子含水量12%以下即成商品。2015年版《中国药典》一部王不留行项下记载："夏季果实成熟，果皮尚未开裂时采割植株，晒干，打下种子，除去杂质，再晒干。"目前河北省内丘县王不留行产区多采用联合收割机械，可一次完成王不留行收割、脱粒，然后再晒干种子、清选去杂，省工省时。

# 第4章

## 王不留行药材
## 质量评价

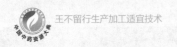

## 一、本草考证与道地沿革

### （一）本草考证

传统本草有关王不留行物种的记载主要集中于植物生境与外部形态方面的

描述，关于其植物形态的记载详见表4-1。《救荒本草》和《本草纲目》等典籍

还附有王不留行植物图。

表4-1　本草有关王不留行物种的形态描述

| 典籍 | 形态描述 |
| --- | --- |
| 《本草经集注》（梁） | 叶似酸浆，子似菘子，人言是蓼子亦不尔 |
| 《本草图经》（唐） | 叶似菘蓝，其花红色白，子壳似酸浆，其中实圆黑，似菘子，大如黍粟 |
| 《本草图经》（宋） | 茎苗俱青，高七八寸已来，根黄白色如荠根，叶尖如小匙头，亦有似槐叶者，四月开花，黄紫色，随茎而生，如松子状，又如猪蓝花，五月内采苗茎晒干用，俗间亦谓之剪金草。河北生者叶圆花红，与此小别 |
| 《救荒本草》（明） | 王不留行：苗高一尺余，其茎对节生叉，叶似石竹叶而宽，抱茎对生，脚叶似槐叶而狭长，开粉红花，结实如松子大，似罂粟壳样，极小，有子，如葶苈子大而黑色。（考证应为女娄菜）麦蓝菜：生田野中，茎叶俱莴苣色，叶似大蓝，梢叶小而颇尖，其叶抱茎对生，结蒴有子，似小桃，红子，苗叶味微苦 |
| 《本草纲目》（明） | 多生麦地中。苗高一二尺，三四月开小花，如铎铃状，红白色，结实如灯笼草子，壳有五棱，壳内包有一实，大如豆，实内细子大如菘子，生白，熟黑，正圆如珠可爱 |

由于我国地域广大，自古以来作为王不留行的药用植物来源较为复杂，逐

渐形成了以《中国药典》收载品种石竹科麦蓝菜的种子为主流商品和各地习惯用药的状况。梁·陶弘景《本草经集注》首次对王不留行植物进行了描述："叶似酸浆，子似菘子"。由于描述简单，已经很难考证其原植物。唐《本草图经》曰："叶似菘蓝，其花红色白，子壳似酸浆，其中实圆黑，似菘子，大如黍粟"。从叶、花、果实、种子的描述上与麦蓝菜*Vaccaria segetalis*（Neck.）Garcke相符。宋《本草图经》王不留行项下记载："茎苗俱青，……如松子状，又如猪蓝花"，本书还附有三幅王不留行图，后人考证可能为花荙、女娄菜或蓼属植物。明《救荒本草》中记载有王不留行、女娄菜、麦蓝菜三种植物（图4-1A），其王不留行条下描述："苗高一尺余，有子，如葶苈子大而黑色"，后人考证应为女娄菜；其女娄菜条下描述："苗高一二尺，……青子如枸杞，微小，其叶味苦"，根据描述和附图考证为坚硬女娄菜*M. firmum*（Sieb.et Zucc.）Roxb.；其麦蓝菜条下描述："生田野中，茎叶俱莴苣色，……结蒴有子，似小桃，红子"，与王不留行的原植物麦蓝菜相同。李时珍《本草纲目》描述："多生麦地中，三四月开小花，如铎铃状，……实内细子大如菘子，生白，熟黑，正圆如珠可爱"，与石竹科麦蓝菜的生境、花、果、种子等特征完全相符（图4-1B）。自此，对王不留行来源争议逐渐减少，以麦蓝菜的种子作为王不留行使用在全国大部分地区得到认可。

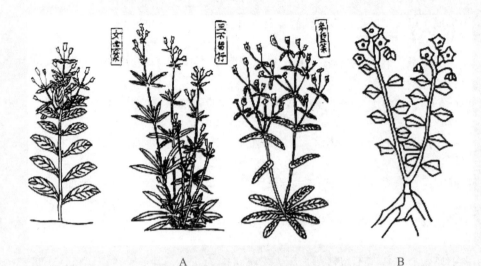

A             B

图4-1本草有关王不留行的绘图

（A《救荒本草》；B《本草纲目》）

## （二）道地沿革

根据历代本草和史料记载，王不留行多生"山谷、田野或麦地中"；《名

医别录》《新修本草》《本草图经》等明确指出："生泰山山谷"。《常用中药材

品种整理和质量研究》《中药大辞典》《中华道地药材》《全国中草药汇编》等

现代文献对王不留行的地理分布和主产地等进行了详细记述，认为其自然生

于山坡、路旁、尤以麦田中生长最多，除华南外，全国各地区均有分布。随

着野生资源减少，王不留行原料药材已全部来源于家种，主要产于河北、河

南、甘肃、山东、辽宁、黑龙江等省区，并逐渐形成河北内丘、河南洛宁和

甘肃河西三大王不留行主产区，其中河北产区常年面积在4万亩左右，产量

最大。

本草中有关王不留行产地质量信息的描述较少，关于其药用部位及采收时间记载较多：《本经集注》记载种子入药，唐《本草图经》云："三月收苗，五月收子。"《日华子本草》言："苗、花、子并用。"宋《本草图经》"四月开花，五月内采苗茎，晒干用"。明《本草蒙筌》道："三月采根茎，五月取花子。"《本草纲目》言用"苗、子"。《本草品汇精要》言用其实。以上可知，在早期王不留行是地上部分和种子通用。清《本草疏经》记载了从麦粒中获取王不留行种子的方法。后来的《本草求真》《本草述钩元》均记载苗、子同用，现今仅用种子。

（三）药材鉴别

《中国药典》明确规定了石竹科麦蓝菜的成熟干燥种子作为王不留行药材使用。但王不留行同名异物现象一直存在，细考发现以王不留行为名的中药在其性味和功效方面有相同或相似之处。朝鲜将石竹科蝇子草属女娄菜作王不留行使用，我国广东、广西及海南地区长期以桑科植物薜荔的果壳为王不留行使用；广西全州以黄海棠全草为王不留行使用；云南地区以锦葵科拔毒散全草为王不留行使用；福建厦门地区以野牡丹科野牡丹的根作王不留行使用；广东汕头市以锦葵科植物磨盘草的全草作王不留行使用。各地习用或混用的王不留行，在性味、功效、应用或名称方面都有相似之处，引起了各地使用上的混

乱。现将女娄菜、薜荔、拔毒散、黄海棠的原植物形态特征和使用地区介绍如下：

女娄菜*Silene aprica* Turca. ex Fisch. et Mey.为石竹科蝇子草属一、二年或多年生草本，高20～70cm。全株密破短柔毛。茎直立，由基部分枝。叶对生，上部叶无柄，下面叶具短柄；叶片线状披针形至披针形，先端急尖，基部渐窄。全缘。蒴果椭圆形，先端6裂，外围萼与果近等长。种子多数，细小，黑褐色，有瘤状突起。朝鲜作为王不留行使用。

拔毒散*Sida szechuensis* Matsuda为锦葵科植物直立半灌木，高约1m。茎紫褐色，疏被星状毛。下部叶宽菱形或扇形，基部楔形，先端尖或圆，边缘重锯齿；上部叶长圆形或长圆状椭圆形；花单生叶腋或丛生于短枝端；蒴果近球形，径约6mm，心皮6～9枚，每心皮具2芒状短喙。其地上部分入药，在云南省作为王不留行使用，又名滇王不留行。

薜荔*Ficus pumila* Linn. 为桑科榕属植物，攀缘或匍匐灌木，叶两型，不结果枝节上生不定根，叶卵状心形，基部稍不对称，尖端渐尖，叶柄很短；结果枝上无不定根，革质，卵状椭圆形，先端急尖至钝形，基部圆形至浅心形，全缘，背面被黄褐色柔毛，基生叶脉延长，网脉3～4对，在表面下陷，背面凸起，网脉甚明显，呈蜂窝状。榕果单生叶腋，瘿花果梨形；瘦果近球形，有黏液。薜荔产于广东、广西、海南，使用其成熟的花托（果壳），习称广东王不留或王不留行，均为野生品，两广地区和海南习惯用药。

黄海棠*Hypericum ascyron* Linn. 藤黄科金丝桃属多年生草本，高80~100cm。茎直立，有4棱。叶卵状披针形，顶端渐尖，基部抱茎，两面都有黑色小斑点。聚伞花序顶生，花大，金黄色；尊片、花瓣各5，宿存。蒴果大，圆锥形，长约2cm，5室，内有多数细小种子。全草入药，在广西全州地区作王不留行使用。

另外，张南平等进行了王不留行和地区习用药薜荔、拔毒散、黄海棠的组织和粉末鉴别研究。图雅等进行了王不留行和芸台子的性状鉴别、理化鉴别及薄层色谱鉴别。马晓莉等进行了王不留行及其伪品的蛋白质电泳鉴别。谢晓燕概述了王不留行与芸台子、黄海棠的性状特征、显微鉴别、色谱鉴别和理化鉴别。以上研究为道地药材王不留行与其近缘或易混淆种的药材鉴别提供了方法和依据。

## 二、药典标准

2015年版《中国药典》中收载王不留行的质量评价标准主要包括性状、鉴别、检查、浸出物、含量测定等几方面。

性状：本品呈球形，直径约2mm，表面黑色，少数红棕色，略有光泽，有细密颗粒状突起，一侧有1凹陷的纵沟。质硬。胚乳白色，胚弯曲成环，子叶

2，气微，味微涩、苦。

鉴别：（1）本品粉末淡灰褐色。种皮表皮细胞红棕色或黄棕色，表面观多角形或长多角形，直径50～120μm，垂周壁增厚，呈角状或深波状弯曲。种皮内表皮细胞淡黄棕色，表面观类方形、类长方形或多角形，垂周壁呈紧密的连珠状增厚，表面可见网状增厚纹理。胚乳细胞多角形，类方形或类长方形，胞腔内充满淀粉粒和糊粉粒。子叶细胞含有脂肪油滴。

（2）取本品粉末1.5g，加甲醇20ml，加热回流30分钟，放冷，过滤，滤液蒸干，残渣加甲醇2ml使溶解，作为供试品溶液。另取王不留行对照药材1.5g，同法制成对照药材溶液，照薄层色谱法（通则0502）试验，吸取上述两种溶液各10ul，分别点于同一硅胶G薄层板上，以三氯甲烷–甲醇–水（15：7：2）的下层溶液为展开剂，展开，取出，晾干，喷以改良碘化铋钾试液。供试品色谱中，在与对照药材色谱相应的位置上，显相同的橙红色斑点。

（3）取本品粉末1g，加70%甲醇40ml，超声处理30分钟，放冷，过滤，滤液作为供试品溶液。另取王不留行对照药材1g，同法制成对照药材溶液。再取王不留行黄酮苷对照品，加甲醇制成1ml含0.1g的溶液，作为对照品溶液，照薄层色谱法（通则0502）试验，吸取上述三种溶液各2μl，分别点于同一聚酰胺薄膜上，以甲醇–水（4：6）为展开剂，展开，取出，晾干，喷以2%三氯化铝乙醇溶液，热风吹干，置紫外光灯（365nm）下检视。供试品色谱中、在与对照药材色

谱和对照品色谱相应的位置上，显相同颜色的荧光斑点。

检查：水分不得过12.0%（通则0832第二法），总灰分不得过4.0%（通则2302）。

浸出物：照醇溶性浸出物测定法（通则2201）项下的热浸法测定，用乙醇作溶剂，不得少于6.0%。

含量测定：照高效液相色谱法（通则0512）测定，本品按干燥品计算，含王不留行黄酮苷（$C_{32}H_{38}O_{19}$）不得少于0.40%。

## 三、质量评价

药材性状为药材传统质量评价指标，历代本草主要从王不留行的颜色、大小、质地、气味等几个方面进行了描述。由表4-2可见，古代本草对王不留行药材性状描述局限于颜色和大小，现代研究增加了质地和气味等描述。

《中华道地药材》记载："以颗粒均匀、籽粒饱满、色黑者为佳"。2015年版《中国药典》不仅规定了王不留行的性状检查，还规定了其显微和薄层鉴别，并对其水分、总灰分、浸出物、王不留行黄酮苷等指标含量进行了要求。

另外，王不留行药材的商品质量以干燥、籽粒均匀、充实饱满、色乌黑、无杂质者为佳。

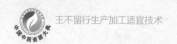

表4-2　主要本草典籍有关王不留行道地性状的描述

| 典籍 | 性状描述 |
| --- | --- |
| 《本草经集注》（梁） | 子似菘子，人言是蓼子亦不尔 |
| 《本草图经》（唐） | 子壳似酸浆，其中实圆黑，似菘子，大如黍粟 |
| 《救荒本草》（明） | 王不留行：结实如松子大，似罂粟壳样，极小，有子，如葶苈子大而黑色<br>麦蓝菜：结蒴有子，似小桃，红子 |
| 《本草纲目》（明） | 结实如灯笼草子，壳有五棱，壳内包有一实，大如豆，实内细子大如菘子，生白，熟黑，正圆如珠可爱 |
| 《现代中药鉴定手册》2006年版 | 表面黑色，少数红棕色，略有光泽，有细密颗粒状突起，一侧有1凹陷的纵沟。质硬，气微，味微涩、苦 |
| 《中华道地药材》2011年版 | 以颗粒均匀、籽粒饱满、色黑者为佳 |
| 《全国中草药汇编》2014年版 | 表面黑色，少数红棕色，略有光泽，有细密颗粒状突起，一侧有一凹陷的纵沟。质硬，气微，味微涩、苦 |
| 《中国药典》2015年版 | 本品呈球形，直径约2mm，表面黑色，少数红棕色，略有光泽，有细密颗粒状突起，一侧有1凹陷的纵沟。质硬。胚乳白色，胚弯曲成环，子叶2，气微，味微涩、苦 |

# 第5章

## 王不留行现代研究与应用

"自从益智登山盟，王不留行送出城"。这是吴承恩在《西游记》中描述唐僧去西天取经时的一句诗，句中"王不留行"一词，意思是说唐太宗（王）感于唐僧的决心，不能挽留他的远去而为他送别（不留行）。李时珍《本草纲目》在该药的"释名"中说："此物行走而不住，虽有王命不能留其行，故名。"吴承恩与李时珍同为明代人，两人对王不留行的命名意义能有相似的理解，说明它在当时已是普遍熟悉的药物。本章对王不留行的化学成分、药理作用、医药应用及资源综合利用与保护等进行总结概述。

## 一、化学成分

化学成分是药物发挥疗效的物质基础，所以对王不留行化学成分的研究对阐明王不留行的药理药效有十分重要的意义。早期国内外对王不留行化学成分研究报道较少，20世纪60年代前苏联学者从中分离出皂苷，后日本学者报道从中分离获得5个环肽，90年代我国学者桑圣民等对王不留行化学成分的提取分离、结构鉴定和活性成分的测定做了大量研究，尤其是药理作用较明显的黄酮类、皂苷类、环肽类、挥发油等。周国洪等采用大孔吸附树脂、硅胶，葡聚糖凝胶LH-20等多种色谱柱填料以及多种现代色谱分离技术对王不留行的化学成分进行了研究，从中得到18个化合物，其中2个为新化合物，4个化合物首次从王不留行中分离得到，运用波谱技术及化学方法鉴定了18个化合物。

目前，文献报道了王不留行中主要含有三萜皂苷、环肽、黄酮、生物碱、酚酸、类固醇和挥发油等成分。在王不留行中大约分离得到了60多个化合物，其中数目最多的是三萜皂苷，其次是黄酮和环肽。

（一）三萜皂苷

至今为止，王不留行中共分离得到了27个三萜皂苷，包括了segetoside B-I、K-L，vaccegoside B-C，vaccariside A-E，vaccaroside A-I和dianoside G。除了vaccaroside D 母核是$\Delta^{12}$-3, 4-裂齐墩果烷型，vaccaroside F、H母核是$\Delta^{12}$-23-降齐墩果烷型外，其他所有的三萜皂苷都是$\Delta^{12}$-裂齐墩果烷为母核。取代基的种类、位置不同和糖链的数目、位置差异导致了它们结构的多样性。C23可被羧基、醛基或羟基取代，而羟基经常链接在C16。根据这两个位置不同的取代基，这些三萜皂苷的苷元可以是棉根皂苷元、皂皮酸和丝石竹酸。除了vaccaroside C分别在C23和C28链接一个糖链外，其他大部分皂巧都在C3和C28链接了糖链，而少部分皂苷只在C28上链接一个糖链。因此，王不留行的三萜皂苷可分为单糖链三萜皂苷和双糖链三萜皂苷，而一个皂苷糖链上单糖的数目最可达10个，最少也有3个。这些单糖的种类有岩藻糖、鼠李糖、阿拉伯糖、木糖、半乳糖、葡萄糖醛酸和葡萄糖等。

对这些皂苷的生物合成途径研究表明，其生物合成途径第一步是在$\beta$-香树脂醇合成酶作用下2, 3-环氧角鲨烯的环化。根据这些皂苷对结构特征，后面

的路线可能包括：①β-香树脂醇在16位、23位或28位的氧化；②在28位成苷，对于大多数双糖苷而言，另一个成苷位置是3位；③糖的酰化。然而，这些反应的顺序仍未确定。基因产物UGT74M1是一个三萜羧酸葡糖基转移酶，被认为在王不留行三萜皂苷vaccaroside A-D的生物合成中发挥作用。以上这些皂苷有的有细胞毒活性和黄体细胞生长抑制作用。

（二）环肽

植物环肽是由蛋白质氨基酸或非蛋白质氨基酸相连形成的环状化合物。石竹科植物一般都含有环肽成分，而王不留行是石竹科植物麦蓝菜的种子，故也含有这种成分。目前，共有8个环肽在王不留行中分离得到，分别是segetalins A-H。根据环肽的分类，这8个环肽应归类为石竹科型单环均环肽，因为它们来自石竹科植物且是由5-9个蛋白质氨基酸以肽键相连形成的单环环肽。除了segetalin F外，它们都含有甘氨酸。segetalins A-E都是从王不留行醇提物的乙酸乙酯部位分离纯化得到，而segetalins F-H都是从正丁醇部位得到。另外，加压低极性水提取法和高速逆流色谱法已经被用于代替传统分离方法来分离这些环肽。

另外，在发育中或成熟的麦蓝菜种子中发现了由基因编码的segetalins A、H的前体，这解释了segetalins A、H在王不留行中的存在。基因序列分析又预测了在王不留行中还有两个环肽segetalins J、K的存在，而质谱分析结果也支持这

种预测。但是，这两个环肽至今未从王不留行中分离得到。人工全合成已经相

继合成得到了segetalins A、B和G，segetalins C、D和E。

（三）黄酮类

桑圣民等用薄层色谱法鉴定了洋芹素-6-C-阿拉伯糖-葡萄糖苷、洋芹

素-6-C-双葡萄糖苷，并分离得到王不留行黄酮苷。孟贺等将王不留行正丁醇

提取物用三氯甲烷-甲醇-水（13：7：1）等度洗脱，检识出黄酮，进行反复

硅胶柱色谱和Sephadex LH-20柱色谱，并通过聚酰胺薄膜，得王不留行黄酮

苷，通过理化常数、核磁共振、质谱等多种技术鉴定，得出王不留行黄酮苷的

13C-NMR 数据和其旋转异构现象。罗肖雪等利用微波技术提取王不留行总黄

酮，分光光度法进行含量测定，考察了功率、温度等对提取率的影响，确定了

微波提取王不留行总黄酮的条件：微波功率800W，60倍体积60%的乙醇在55℃

下微波2分钟。

目前，王不留行中共分离得到10个黄酮类化合物，包括5个黄酮碳苷，2个

黄酮醇和3个占吨酮。5个黄酮碳苷的苷元都是芹菜素，而且6位都连有糖基，

可以将它们分为碳苷黄酮和氧苷碳苷黄酮。它们含有2～3个单糖，都以直链连

接，糖的种类包括阿拉伯糖和葡萄糖。2个黄酮醇在植物中普遍存在，分别为

槲皮素和山柰酚。3个占吨酮结构相似，仅2位的取代基不同。其中，王不留行

黄酮苷是《中国药典》规定的王不留行药材的定量成分。

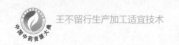 

（四）挥发油类

王不留行中的挥发油成分有烷烃、烯烃、酚、醇、酮、酯及酰胺类化合物等。冯旭等对王不留行的挥发油化学成分进行了定量、定性分析，分离出29种化合物，该挥发油主要成分为油酸酰胺（24.24%）、正二十八烷（10.40%）、肉豆蔻酰胺（6.49%）、正十五烷（5.58%）。

（五）其他成分

除了三萜皂苷、环肽、黄酮类和挥发油类外，在王不留行中还分离得到了4个生物碱、4个核苷类成分、4个植物甾醇、1个有机酸、1个四环三萜、1个异螺甾烷醇型甾体和1个低聚糖。

## 二、药理作用

王不留行最早记载于东汉时期的《神农本草经》，后世魏晋《吴普本草》、汉末《名医别录》、唐甄权所著《药性论》、宋张元素撰《珍珠囊》、明《日华子诸家本草》、《本草纲目》、清·吴仪洛撰《本草从新》、清赵其光撰《本草求原》中均有王不留行药用的记载。《神农本草经》记述："主金疮，止血逐痛，出刺，除风痹内寒。久服轻身耐老增寿。"《名医别录》记述："止心烦鼻衄，痈疽恶疮，瘘汝，妇人难产。"《本草纲目》记述："王不留行能走血分，乃阳明、冲、任之药。俗有"穿山甲、王不留，妇人服了乳长流"之语，可见其性行而不住也。"《本草从新》记述："治疗疮。"《本草求原》记述："通淋，利窍。"《本草疏经》记述："孕妇勿服。"《种杏仙方》记述："治乳汁不通。"《本草汇言》记述："治乳痈初起，失血病、崩漏病及孕妇并须忌之。"《濒湖集简方》记述："治疗肿初起。"《圣惠方》记述："治头风白屑。"《太平圣惠方》中王不留行散，治石淋及血淋，下砂石兼碎血片，小腹结痛闷绝。《奇效良方》中王不留行散，治虚劳小肠热，小便淋沥，经中痛。《医部全录·面门》中王不留行汤，治头面久疮，去虫止痛。可见，历代本草对王不留行的传统功效有较多记载。

现代药理活性研究表明，王不留行有催乳作用，抗氧化和抗肿瘤活性，对血液和血管的作用，改善骨质疏松作用等。

（一）催乳作用

王不留行作为重要的催乳中药之一，在临床和畜牧业生产中应用广泛。研究表明：王不留行能增强乳腺内皮细胞的细胞活力和增殖活性，促进乳蛋白合成，刺激乳腺发育，从而提高现产量。而王不留行可能是通过调控雌激素和催乳素细胞信号转导通路而发挥雌激素样和催乳素样作用。王不留行的环肽成分已经被报道有雌激素样活性，故这些环肽可能也有催乳活性，可能也是王不留行发挥催乳作用的物质基础，但需要进一步实验证明。

万中英等在miRNA水平上阐述王不留行中的增乳活性单体邻苯二甲酸二丁

酯（DBP）调节奶牛泌乳的生物学机制，结果发现，DBP可以抑制乳腺上皮细胞miRNA-143、miRNA-125、miRNA-195和miRNA-21的表达，进一步说明了DBP催乳的机制，其作用机制还有待研究。李楠等通过测定王不留行提取液中DBP含量，从而确定了较低浓度的王不留行对乳腺上皮细胞有促进泌乳的作用。DBP不仅可以促进乳腺上皮细胞的增殖、提高细胞活力，还可以通过提高乳腺上皮细胞$\beta$-酪蛋白的表达，引起泌乳增加，使乳糖的分泌提高。赖建彬等用不同浓度的王不留行水煎液饲喂分娩母兔，结果发现，王不留行对哺乳期母兔具有明显的催乳作用。王不留行提取物中蛋白质、生物碱、有机酸类及促生长因子等活性成分可直接作用于奶牛的乳腺细胞，促进乳腺细胞的增殖，进一步证实通过影响乳蛋白合成相关分子p-STAT5、p100、GAS、S6K1及p-mTOR的表达，王不留行可以促进产奶量的增加。

## （二）抗氧化活性

李德生等研究饲粮添加王不留行与大豆异黄酮对泌乳母猪生产力及抗氧化能力的影响，结果发现，单一添加王不留行或与大豆、黄酮合用时均可通过提高母猪血清中抗氧化酶活性和降低脂质过氧化来改善母猪机体的抗氧化能力，进而提高母猪机体健康。李翠芹等采用DPPH法比较了生、炒王不留行的抗氧化活性，结果发现，王不留行与炒王不留行所含抗氧化成分不同，炒王不留行的抗氧化活性大于王不留行，两种王不留行乙酸乙酯提取物的抗氧化活性均最强。

通过DPPH法、ABTS法和FRAP法，发现了王不留行的甲醇提取物、乙醇提取物和水提物均显示出抗氧化活性。另外，相对于王不留行乙醇提取物的水部位、正丁醇部位、乙醚部位，乙酸乙酯部位的抗氧化活性最强。从目前研究现状看，抗氧化的研究还停留在王不留行的粗提物上，而对有效单体成分的研究可首先在乙酸乙酯部位开展。

### （三）抗肿瘤活性

王不留行通过抑制肿瘤血管生成和对肿瘤细胞的细胞毒性表现出了抗肿瘤活性。连续灌胃给药14天后，低剂量（2.5mg/kg）和高剂量（5mg/kg）王不留行总皂苷对H22肿瘤小鼠模型的抑癌率可达10.96%和26.33%，而高剂量王不留行总皂苷可使肿瘤出现明显的核固缩、片状坏死及周边炎症细胞浸润等。

据报道，王不留行水提物、正丁醇部位、皂苷和一些活性单体能在体内抑制肿瘤的生长及其血管的生成，在体外能抑制人类微血管内皮细胞的增殖、转移或粘连，能抑制多种人类和小鼠的肿瘤细胞系的生长，如结肠癌，乳腺癌，肺癌，白血病，淋巴瘤，胰腺和前列腺癌症等。目前，用于王不留行抗肿瘤活性研究的体内模型有鸡胚绒毛尿囊膜，路易斯肺癌小鼠，C51肿瘤转移小鼠和Matrigel胶塞。近年来，体积较小且透明的斑马鱼胚胎已被利用作为一种阐明血管生成的机制重要的体内模型，故未来的研究可利用此模型进一步阐明王不

留行抑制血管生成的机制。

研究表明，王不留行抑制血管生成的机制可能与阻断PI3K/AKT和MAPKs/ERKs信号传导通路，抑制bFGFR表达和激活Caspase-3蛋白有关。然而，据报道，除了bFGFR，VEGF（血管内皮生长因子）和PDGF（血小板源生长因子）都对肿瘤的血管生成有非常重要的作用，但是王不留行对这两个因子的作用仍然未知。此外，值得注意的是，王不留行对蛋白p38在体内和体外实验表现出了相反的作用。而研究表明，p38MAPK是肿瘤的微环境的致命点，有可能成为新的治疗靶点。所以，进一步研究王不留行对p38的作用是十分有价值的。

王不留行水提物在体外能抑制8种肿瘤细胞株的生长。但问题是王不留行水提液不仅能抑制肿瘤细胞的生长，还能抑制人类正常细胞的生长，且对人类正常细胞的$IC_{50}$比对某些肿瘤细胞的$IC_{50}$还低。所以，这个问题提示王不留行的临床应用存在一定的风险，值得更加深入研究。

（四）对血液和血管的作用

王不留行还有活血消肿通经的作用。研究表明，王不留行水提物能对冰水-肾上腺素型血瘀大鼠有抗凝血、降低全血黏度作用，还能改善血瘀模型豚鼠的血液黏度。另外，王不留行在临床能治疗突发性耳聋，有效率达75%，其作用机制可能与改善血液的"浓、黏、凝"状态、改善内耳微循环等作用有关。王不留行活血消肿的作用机制还需更深入的研究。

王不留行水提物和 5 个环肽成分（Segetalins A，D，F，G，H）均对家兔离体主动脉有舒张作用。值得注意的是，另外一个环肽成分（segetalins B）却表现了相反的收缩作用。所以，研究王不留行环肽成分对血管作用的构效关系是十分有价值的。对于去除了内皮细胞的家兔离体主动脉，六种环肽成分的作用不变。但是，王不留行水提物对血管的舒张作用却是内皮依赖性的，且与其释放的NO有关；也可能是通过PGI2/cAMP介导，降低胞浆内钙离子引起血管平滑肌舒张。然而，有报道称王不留行水提物收缩主动脉环，其机制可能与平滑肌细胞上的肾上腺素能$\alpha$受体、异搏定敏感的$Ca^{2+}$通道、细胞外$Ca^{2+}$以及组胺H1受体有关，而与血管内皮细胞和胆碱能M受体无关。另外，据文献报道，王不留行黄酮苷能通过抑制Notch信号通路和下调caspase-3的表达以及抑制乳酸脱氢酶和丙二醛来选择性地保护由$H_2O_2$诱导的血管内皮功能损伤。从中药王不留行对血液和血管的作用看，王不留行在未来可能在动脉粥样硬化或高血压的治疗方面作出贡献。

（五）对骨质疏松的改善作用

黄庭惠等研究发现，王不留行能有效改善去势大鼠骨密度和骨代谢指标，说明王不留行既可以促进骨的形成，又可以抑制骨的吸收，对去势大鼠骨质疏松有较好的防治作用，进一步说明王不留行是一种有研究前景的天然药物。伍

杨等研究了王不留行对去势大鼠骨质疏松症的防治作用，结果发现，王不留行可明显降低血清中的IL-1、IL-6、TNF-$\alpha$水平，抑制破骨细胞功能，从而抑制骨质丢失，起到防治骨质疏松症的作用。据报道，王不留行所含环肽类成分具有雌激素样作用，可能是王不留行对骨质疏松的改善作用的有效活性成分。去势大鼠骨质疏松症与人类绝经后骨质疏松症类似，所以未来王不留行可能有机会在人类的绝经后骨质疏松症的治疗中发挥作用。

（六）其他

体内实验表明，王不留行粗多糖对小鼠良性前列腺增生（BPH）有明显的抑制活性。一项对王不留行水提物在BPH大鼠上的代谢及分布研究发现，有两个可能的活性成分［vaccarin（39）和isovitexin-2″-O-arabinoside（36）］在大鼠前列腺（目标组织）中被检测出。然而，这两个成分对良性前列腺增生的药理作用仍然未知。

另外，王不留行还有抗炎镇痛作用，其水提物和vaccaroside A（18）对子宫平滑肌有收缩作用。水提物还能促进小鼠关节消肿。王不留行三萜皂苷（vaccegoside）有佐剂活性，segetoside B（1）和segetoside F（5）有抑制黄体细胞活性。王不留行环肽C（zegetalin C（30））有抗真菌作用，环肽D（segetalin D（31））有驱虫活性。

## 三、医药应用

传统中药材放入王不留行时，因为其有败毒抗癌，效用可被用于治疗乳腺癌、甲状腺癌、颅内肿瘤等，利用它散瘀下乳的功效来治疗乳难不下，产后缺乳等，它可消肿止痛所以可以治疗痈疮疔肿、睾丸炎肿、针入疼痛等，都可收到良好的效果。现在随着对王不留行的深入研究，又在临床上开发出了以下效用：

王不留行可治疗带状疱疹、流行性腮腺炎等。耳穴贴压王不留行籽应用广泛，用于防治青少年近视，治疗面部神经麻痹、突发性耳聋、鼻炎及鼻衄、失眠、咳嗽、喘憋性肺炎、失眠、更年期综合征、高血压、单纯性肥胖、化疗肠胃反应等。近年又被临床用来剖腹产切口感染、人工流产不全、引产刮宫不净、乳腺小叶增生、晚期食管癌、食管梗阻、便秘、痔疮等治疗。

王不留行还可以治疗关节炎。不过该品很少单用，一般须辨明病情，配伍适当的药物，以增强疗效。需要注意的是，虽然该品无明显不良作用，但孕妇、月经过多者、小便带血而无滞涩疼痛者，均应忌用王不留行。此外，由于动物试验表明王不留行有抗早孕作用，故拟孕育者亦忌用该品。

复方中药王不留行片，用于产后气血亏损、乳汁不通不下或少乳痛、乳肿等症；王不留行复方乳宁颗粒、乳块消片（胶囊）、乳疾灵颗粒等用于肝气郁

结，气滞血瘀，乳腺增生，乳房胀痛等症。此外还有消症丸、涌泉散、胜金散、王不留行散、王不留行汤等。因药方不同，功效也有差异。

## 四、资源综合利用与保护

### （一）资源综合开发利用

王不留行的雌激素样作用，在临床上具有很好的开发利用价值，有报道认为其是一种有希望的避孕药。为了提高我国人口素质，提倡母乳喂养，王不留行的催乳功效还有待于进一步研究、开发和利用。

王不留行作为饲料添加剂用量较大，兽药催奶灵散以王不留行为主要原料，主要用于奶牛、母猪气血不足、产后体虚、食欲不振或气滞血瘀造成的乳汁不下等。

除药用外，王不留行还具食疗、保健作用。民间有王不留行蹄髈汤、王不留行鲫鱼汤等食疗单方验方，治疗产后无乳、少乳、乳汁不畅有较好的疗效。另外，利用王不留行还开发出美乳霜、增乳膏等美容产品。

### （二）新药用部位开发利用

本草有关于王不留行的地上部分入药记载，唐《本草图经》记载"三月收苗，五月收子"，宋《本草图经》记载"五月内采苗茎晒干用"。有报道王不留行的茎叶阴干，其浓煎汁，温服可以治疗鼻衄不止等症。可见，其茎叶也具有一定的开发利用价值。

（三）资源保护和可持续发展

王不留行的自然资源分布范围广，但目前其原料药材主要来源于人工栽培

品。加强道地药材王不留行品种选育和人工栽培技术研究，建立王不留行规范

化规模化栽培基地，进一步提高王不留行药材质量，同时加强其近缘种化学成

分及药理活性研究，保护王不留行自然资源和可持续利用。另外，加强王不留

行资源综合开发利用研究。

# 参考文献

［1］清·顾观光重辑. 神农本草经［M］. 北京：人民卫生出版社，1955.

［2］宋·苏颂. 本草图经［M］. 合肥：安徽科学技术出版社，1994.

［3］明·李时珍. 本草纲目［M］. 北京：人民卫生出版社，1990.

［4］孙星衍. 神农本草经［M］. 太原：山西科学技术出版社，1991.

［5］梁·陶弘景. 名医别录［M］. 北京：人民卫生出版社，1986.

［6］明·陈嘉谟. 本草蒙筌［M］. 北京：人民卫生出版社，1988.

［7］清·吴仪洛. 本草从新［M］. 天津：天津科学技术出版社，2004.

［8］彭成. 中华道地药材［M］. 北京：中国中医药出版社，2011.

［9］赵国平，戴慎，陈任寿. 中华大辞典［M］. 上海：上海科学技术出版社，2005.

［10］蔡少青，李军. 常用中药材品种整理和质量研究［M］. 北京：北京医科大学出版社，2001.

［11］王国强. 全国中草药汇编（第3版）［M］. 北京：人民卫生出版社，2014.

［12］沈保安，刘荣禄. 现代中药鉴定手册［M］. 北京：中国中医药出版社，2006.

［13］国家药典委员会. 中华人民共和国药典（一部）［M］. 中国医药科技出版社，2015.

［14］谢晓亮，杨彦杰，杨太新. 中药材无公害生产技术［M］. 石家庄：河北科学技术出版社，2014.

［15］郭兰萍，黄璐琦，谢晓亮. 道地药材特色栽培及产地加工技术规范［M］. 上海：上海科学技术出版社，2016.

［16］谢晓亮，杨太新. 中药材栽培实用技术500问［M］. 北京：中国医药科技出版社，2015.

［17］中国科学院《中国植物志》编委会. 中国植物志［M］. 北京：科学出版社，1996.

［18］贾屹峰，苗培. 王不留行的概述与研究［J］. 畜牧与饲料科学，2012，33（3）：32-34.

［19］刘学东. 王不留行种植技术［J］. 农村百事通，2012（6）：44-45.

［20］张众. 王不留行田间密度与产量［J］. 中药材，1995，18（3）：113-115.

［21］袁肖寒，张彦东，高学军，等. 土壤水分对麦蓝菜生物量及王不留行黄酮苷含量的影响［J］. 植物研究，2014，34（6）：835-839.

［22］王瑜. 不同因子对王不留行毛状根的生长及次生代谢产物的影响［D］. 吉林农业大学，2014.

［23］张海弢. 王不留行毛状根培养体系的建立及王不留行黄酮苷含量的测定［D］. 吉林农业大学，2013.

［24］桑圣民，夏增华. 中药王不留行中黄酮苷类成分的研究［J］. 中国中药杂志，2000，25（4）：

221-222.

[25] 孟贺, 陈玉平, 秦文杰, 等. 王不留行中王不留行黄酮苷的分离与鉴定 [J]. 中草药, 2011, 42 (5): 874-876.

[26] 孟贺, 陈玉平, 秦文杰. HPLC测定王不留行中王不留行黄酮苷的含量 [J]. 中国中药杂志, 2010, 35 (16): 2072-2074.

[27] 洪奎, 花慧, 谢凤珊, 等. 王不留行中总黄酮和总皂苷的分离及活性研究 [J]. 华西药学杂志, 2014, (5): 010.

[28] 罗肖雪, 蒋宗林, 陈光英, 等. 王不留行中总黄酮的提取工艺研究 [J]. 海南师范学院学报: 自然科学版, 2007, 20 (1): 53-55.

[29] 李帆, 梁敬钰. 王不留行的研究进展 [J]. 海峡药学, 2007, 19 (3): 1-4.

[30] 谢晓燕. 浅述王不留行的鉴别 [J]. 中国中医药, 2012, 10 (24): 101-102.

[31] 魏薇. 中药王不留行的研究进展 [J]. 中国医药指南, 2014, 12 (16): 87-88.

[32] 陈旭红, 洪奎, 毕书琳, 等. 分光光度法测定王不留行中的总皂苷 [J]. 华西药学杂志, 2013, (5): 33.

[33] 洪奎. 王不留行总皂苷制备工艺和制剂工艺研究 [D]. 江南大学, 2013.

[34] 冯旭, 王丽丽, 邓家刚, 等. 王不留行挥发油化学成分的GC-MS分析 [J]. 广西中医药. 2010, 33 (3): 56-61.

[35] 谢立, 陈振德, 钟洪兰. 王不留行脂肪油超临界$CO_2$萃取及GC-MS分析 [J]. 中药材. 2003, 26 (8): 565-566.

[36] 李翠芹, 任钧. 王不留行生品与炮制品脂溶性成分的GC-MS分析 [J]. 中成药. 2009, 31 (1): 79-81.

[37] 张荣平, 邹澄, 谭宁华. 王不留行环肽研究 [J]. 云南植物研究. 1998, 20 (1): 105-112.

[38] 董红敬, 李佳, 郭英慧. 高效液相色谱法测定王不留行中王不留行环肽A和王不留行环肽B [J]. 药物分析杂志. 2012, 32 (5): 793-796.

[39] 李青, 潘再良, 吴洁, 等. 王不留行多糖提取工艺研究及其含量测定 [J]. 食品工业科技, 2014, 35 (12): 299-302.

[40] 鲁静, 林一星, 马双成. 中药王不留行中刺桐碱和异肥皂草苷分离鉴定和测定 [J]. 药物分析杂志, 1998, 18 (3): 163-165.

[41] 熊海涛. 微波消解-火焰原子吸收光谱法测定王不留行中微量元素 [J]. 药物分析杂志, 2010, 30 (11): 2149-2152.

[42] 桑圣民, 史丽萍. 中药王不留行化学成分的研究 [J]. 天然产物研究与开发, 1998, 10 (4): 1-4.

[43] 桑圣民, 劳爱娜, 王洪诚, 等. 中药王不留行化学成分的研究 (II) [J]. 中草药, 2000, 31

（3）：169-171.

[44] 桑圣民，毛士龙，劳爱娜，等. 中药王不留行化学成分的研究Ⅲ［J］. 天然产物研究与开发，2000，12（3）：12-15.

[45] 花慧，冯磊，张小平，等. 王不留行中抑制血管生成的活性物质研究［J］. 时珍国医国药，2009，20（3）：698-700.

[46] 冯磊，花慧，邱丽颖，等. 王不留行抑制血管形成作用的研究［J］. 中药材，2009，32（8）：1256-1259.

[47] 冯磊，花慧，邱丽颖，等. 王不留行提取物抑制血管生成的药效学研究［J］. 中草药，2009，（12）：1949-1952.

[48] 高越颖. 王不留行抑制血管新生有效部位的提取分离及其活性评价［D］. 江南大学，2011.

[49] 李翠芹，王喆之，张丽燕. 生炒王不留行抗氧化活性的比较研究［J］. 中药材，2008，31（6）：820-822.

[50] 谢凤珊，冯磊，马丽萍，等. 王不留行黄酮苷对过氧化氢和高糖诱导损伤的人脐静脉内皮细胞的保护作用［J］. 天然产物研究与开发，2014，26（7）：1009-1013.

[51] 敬华娥，牛彩琴，胡建民，等. 王不留行对家兔离体主动脉舒张作用的研究［J］. 四川中医，2007，25（8）：13-15.

[52] 伍杨，邓明会，陈显兵. 王不留行防治去势大鼠骨质疏松症的实验研究［J］. 四川中医，2010，28（5）：58-59.

[53] 李帆，梁敬钰. 王不留行的研究进展［J］. 海峡药学，2007，19（3）：1-5.

[54] 张爱霞，孟洪霞，刘敏. 王不留行治疗带状疱疹26例［J］. 时珍国医国药，2000，11（7）：652.

[55] 王巧云，刘鹤松. 王不留行治疗带状疱疹［J］. 云南中医杂志，1986，7（2）：7.

[56] 高瑞英. 王不留行治疗带状疱疹50例疗效观察［J］. 河北中医，1989，11（3）：6.

[57] 刘福官，施建蓉，张怀琼，等. 王不留行治疗突发性耳聋的临床和实验研究［J］. 中国中西医结合耳鼻喉科杂志，2000，8（1）：4.

[58] 李中国，朱庆云，战王田. 王不留行籽按压定喘穴治疗喘憋性肺炎64例［J］. 中国中西医结合杂志. 1992. 12（12）：757.

[59] 黄喜梅. 王不留行籽压耳穴治疗失眠症［J］. 中原医刊，1985，5（5）：21.

[60] 图雅，苏日娜，白鸽，等. 王不留行及混淆品的鉴别分析［J］. 北方药学，2012，9（3）：11.

[61] 马晓莉，候大宜，周文英. 王不留行及其伪品的蛋白质电泳鉴别［J］. 河北职工医学院学报，2001，18（2）：47-48.

[62] 张宏宇，杨九艳，刘军，等. 王不留行及其伪品的凝胶电泳鉴别［J］. 内蒙古中医药，2000，

1：040.

［63］张琼. 王不留行种植技术［J］. 吉林农业，2009（2）：29.

［64］刘学东. 王不留行种植技术［J］. 农村百事通，2012（6）：44-45.

［65］李小冬. 王不留行的种植技术［J］. 四川农业科技，2004（7）：28.

［66］周俊，付宜和. 王不留行的临床新用途［J］. 时珍国医国药，2001，12（6）：560-562.

［67］辛艳，阎富英. 王不留行栽培技术［J］. 现代种业，2003，（5）：29.

［68］尹平孙. 王不留行市场前景及种植技术［J］. 农村发展论丛，2001，3-4（139-140）：23

［69］王英杰. 王不留行的种植技术［J］. 北京农业，2002，（10）：14.

［70］周国洪. 王不留行化学成分及炮制对其影响的研究［D］. 中国中医科学院，2016.

［71］汪晶晶，任红立，武宏志，等. 王不留行的化学成分及药理作用研究进展［J］. 黑龙江畜牧
　　　兽医，2017（4）：101-103.

［72］高钦，杨太新，刘晓清，等. 王不留行种子质量检验方法的研究［J］. 种子，2014，33（10）：
　　　116-120.

［73］高钦，杨太新，刘晓清. 王不留行种子质量分级标准研究［J］. 种子，2015，34（2）：107-
　　　110.

［74］高钦. 王不留行种子质量及栽培关键技术研究［D］. 河北农业大学，2015.

［75］巴兰清. 民乐县垄作覆膜板蓝根套种王不留行高效栽培技术［J］. 中国农技推广，2015，31
　　　（4）：34-35.

［76］刘晓清，高钦，杨太新. 种植密度及施肥对王不留行生长指标及干物质积累影响的研究［J］.
　　　中药材，2016，39（11）：2437-2440.

［77］孟海洋. 王不留行对奶牛乳腺上皮细胞泌乳信号转导通路的影响［D］. 东北农业大学，
　　　2013.

［78］秦君，李庆章，高学军. 王不留行主要成分对小鼠乳腺上皮细胞增殖及 β-酪蛋白表达的影
　　　响［J］. 中国农业科学，2008，41（8）：2442-2447.

［79］马丽萍. 合欢皮、王不留行总皂苷抗新生血管的活性和机制探讨［D］. 江南大学，2013.

［80］于澎，白静，刘佳，等. 丹参、王不留行药对活血化瘀作用研究［J］. 长春中医药大学学
　　　报，2012，28（6）：965-966.

［81］冯爱成. 王不留行改善血瘀模型豚鼠血液粘度实验研究［J］. 时珍国医国药，1998，9（5）：
　　　55.

［82］敬华娥，牛彩琴，胡建民，等. 王不留行对家兔离体主动脉舒张作用的研究［J］. 四川中
　　　医，2007，25（8）：13-15.

［83］伍杨，邓明会，陈显兵. 王不留行防治去势大鼠骨质疏松症的实验研究［J］. 四川中医，
　　　2010，28（5）：58-59.

［84］党晓芬. 王不留行抗炎、镇痛活性部位筛选及其作用机制研究［D］. 陕西师范大学，2014.

［85］牛彩琴，敬华娥，张团笑. 王不留行对大鼠子宫平滑肌的影响［J］. 河南中医，2014，34，（2）：234-236.

［86］Koike K, Jia Z, Nikaido T Triterpenoid saponins from Vaccaria Segetalis［J］. Phytochemistry, 1998，47（7）：1343-9.

［87］Jia Z, Koike K, Kudo M, et al. Triterpenoid saponins and sapogenins from Vaccaria segetalis［J］. Phytochemistry, 1998，48（3）：529-36.

［88］Dinda B, Debnath S, Mohanta B C, et al. Naturally occurring triterpenoid saponins［J］. Chem Biodivers, 2010，7（10）：2327-2580.

［89］Meesapyodsuk D, Balsevich J, Reed D W, et al. Saponin biosynthesis in *Saponaria vaccaria* cDNAs encoding β–amyrin synthase and a triterpene carboxylic acid glucosyltransferase［J］. Plant Physiology, 2007，143（2）：959-969.

［90］Tan N H, Jun Z. Plant cyclopeptides［J］. Chemical reviews, 2006，106（3）：840-895.

［91］Condie J A, Nowak G, Reed D W, et al. The biosynthesis of Caryophyllaceae–like cyclic peptides in *Saponaria vaccaria* L from DNA–encode precursors［J］. Plant Journal, 2011，67（4）：682-690.

［92］Barber C J S, Pujara P T, Reed D W, et al. The two–step biosynthesis of cyclic peptides from linear precursors in a member of the plant family caryophyllaceae involves cyclization by a serine protease–like enzyme［J］. Journal of Biological Chemistry, 2013，288（18）：12500-12510.

［93］Liu R, Li Q, Huang J, et al. Proteomic identification of differentially expressed proteins in *Vaccaria segetalis*–treated dairy cow mammary epithelial cells［J］. Journal of Northeast Agricultural University（English Edition），2013，20（2）：24-31.

［94］Schuermann A, Helker C S M, Herzog W. Angiogenesis in Zebrafish［J］. Seminars in cell and developmental biology, 2014，31：106.

［95］Alspach E, Flanagan K C, Luo X, et al. P38MAPK plays a crucial role in stromal–mediated tumorigenesia［J］. Cancer Discov, 2014，4（6）：716-719.